はじめに

2018年4月から全国農業新聞で連 ちゃえアグリの話」は、みなさんに是非知 い話題をわかりやすく紹介するコーナーです。登場人物は、好奇心旺盛な高校1年生の瑞穂と、瑞穂の伯父で農業委員の耕一。2人の会話（Q＆A）を通じて農業施策・用語をやさしく学ぶことができます。

本書は、このコーナーで扱った記事を取りまとめた本の第2集です（一部加筆・修正）。今回は、「農業者年金」「家族経営協定」「みどりの食料システム戦略」など15のテーマを取り上げています。

あわせて全国農業新聞に掲載した記事の中から特に重要性が高いトピックスを五つ厳選して収録しました。こちらも最近注目されている農政上のキーワードを分かりやすく解説しています。

農業を学ぶ学生や研修生はもちろん、新規就農者、ベテランの農家、農業関係機関・団体の関係者、「農」に関心のある消費者まで、幅広い層のみなさんに本書を手に取っていただき、瑞穂と一緒に農業政策・用語について理解を深めていただければ幸甚です。

2023年1月

一般社団法人 全国農業会議所

目　次

何でも聞いちゃえ アグリの話

瑞穂

都内の普通科高校１年生（16歳）。
社会科が得意で好奇心旺盛

耕一

いなかに住む瑞穂の伯父（50歳）。
市の農業委員でもある

第1話 農業者年金って何？

国民年金にプラス、農家向けの公的年金

耕一　ただいま。おや、瑞穂、遊びに来てたんだね。

瑞穂　おじさん、おかえりなさい。今日も農業委員会のお仕事だったの？

耕一　うん。農業者年金の加入推進活動で、地元の農家さんを訪ねてきたんだ。

瑞穂　農業者年金なんてあるんだね。初めて聞いた。

耕一　そう。農業者のための年金制度で、農年とも呼ばれてるよ。

瑞穂　農家さん向けの年金制度があるなんて考えたことなかったなあ。

耕一　日本の公的年金は2階建てって聞いたことあるかな？　基礎となる1階部分は20歳になったら全ての人が払い始める国民年金で、2階は会社員や公務員が加入する厚生年金など。2階部分に加入していれば、老後に国民年金に上乗せして支払われる仕組みだよ。農年は農業者にとって2階部分の年金なんだ。

瑞穂　つまり、農年に加入すれば国民年金にプラスした額が受け取れるんだね。農業者なら誰でも加入できるの？

耕一　①国民年金の第1号被保険者②農業に年間60日以上従事③20歳以上60歳未満の三つを満たす必要があるよ（※年間60日以上農業に従事する60歳以上65歳未満の国民年金の任意加入者も加入可）。兼業農家の場合、兼業先で厚生年金などに加入していたら農年には加入できないから要注意だね。

瑞穂　なるほど。毎月の保険料はいくらなんだろう。

耕一　2万円（35歳未満で政策支援加入の対象とならない方は1万円）～6万7千円まで千円単位で自由に選んで、毎月積み立てていくんだ。原則65歳で受給を開始して、年金は生涯受け取ることができる。仮に80歳になる前に亡くなっても、80歳まで受給するはずだった金額が死亡一時金として遺族に支払われるよ。それに保険料は全て社会保険料控除の対象になるから、所得税などの負担も軽減できる。

瑞穂　いろんなメリットがあるんだね。他には？

耕一　農年は女性にもお勧めなんだ。今の農年制度になる前は農地を持っていることなどが加入要件だったんだけど、新制度になって農地の権利名義がなくても加入できるようになった。だから農業者の奥さんでも農年のメリットを受けられるわけ。うちも夫婦で加入しているよ。

瑞穂　夫婦で加入すれば将来の受給額がさらに増えてもっと安心だね。それに、女性は男性より長生きっていうもんね。

39歳までに加入、青色申告など要件
最大１万円の国庫補助も

耕一　それと、青色申告をしている認定農業者の奥さんや後継者で、家族農業の経営方針や役割分担などを取り決めた家族経営協定を結んでる場合、保険料の一部が国庫で補助される利点もある。

瑞穂　国の補助があるなんて、手厚いんだね！

耕一　そう。特に若者世代には手厚い支援があるんだ。通常の加入要件の他に①39歳までに加入②農業所得が900万円以下③認定農業者や認定就農者で青色申告をしているなどの要件を満たせば、２万円の保険料に対して最大１万円の補助を受けられるよ。

瑞穂　その場合、負担は１万円で済むってことか。

耕一　うん。国庫補助は35歳未満なら最長20年間受けられるから、経営が安定するまでの間はありがたいよね。ただ、補助を受ける場合の保険料は２万円で固定される。それより多いと補助を受けられないから注意が必要だ。

瑞穂　注意点も含めて、たくさんの農家さんに知ってもらいたい制度だね。農年をＰＲするのも農業委員会の大切な役目なんだなあ。

耕一　そういうこと。おじさんも若い頃に地元の農業委員さんに勧められて加入を決めたんだ。生涯現役を目指すつもりだけど、思わぬけがや病気があるかもしれない。老後はなるべくお金の心配はしたくないからね。

瑞穂　うんうん。それに、かわいいめいっ子にもお小遣いをあげないといけないもんね！

耕一　全く、かわいいというか、たくましいというか…。

（全国農業新聞 2019 年 11 月 22 日付）

農業者年金の年金受給見込額の試算

加入年齢	納付期間	保険料納付総額	年金額（年額）	
20歳	40年	960万円	男性	76万円
			女性	64万円
30歳	30年	720万円	男性	50万円
			女性	43万円
40歳	20年	480万円	男性	30万円
			女性	25万円
50歳	10年	240万円	男性	13万円
			女性	11万円

※保険料が月額２万円の場合
※65歳までの運用利回り2.5%、65歳以降の予定利率0.30%を想定
※男性86.5歳、女性92歳まで生存した場合を想定

第2話 働き方改革に家族経営協定

話し合い合意したことルール化
経営方針、就業条件、役割分担など

瑞穂　おじさん。働き方改革ってよく聞くけど、何をするの？

耕一　まだ働いていない瑞穂が聞くなんて、すごいね。

瑞穂　大人になったら、私だって働かなくちゃ。

耕一　えらいぞ、瑞穂。働き方改革は、働く人がそれぞれの事情に応じた多様な働き方を選べる社会を実現することだよ。

瑞穂　へえ。難しそう。

耕一　長時間労働を改めたり、正社員や非正規社員といった雇用形態に関わらない公正な待遇を確保していく取り組みなんだ。

瑞穂　日本人は働き過ぎって言われてるんでしょ。

耕一　その通りだよ。過労死などで社会問題になっているよね。

瑞穂　私は、働くなら楽しく働きたいな。

耕一　誰でもそう思うよね。ワーク・ライフ・バランスって知ってる？

瑞穂　何、それ。

耕一　簡単に言うと、仕事と生活を調和させ、生き生きと豊かな人生を送ることかな。

瑞穂　すごく大事なことね。

耕一　農業では以前から家族経営協定に取り組んでいるよ。農業経営の発展と家族の夢をともに実現する「家族内の話し合い運動」なんだ。

瑞穂　話し合いを促す取り組みなのね。

耕一　家族の基本単位は夫婦だよね。まずは夫婦が信頼し合い、対等な関係を築くため、よく話し合うことが大切なんだ。家族経営協定は「パートナーシップ経営」と「ワーク・ライフ・バランス」の実現に有効だよ。

瑞穂　そうだね。

耕一　十分に話し合い、まずは経営や生活の現状、つまり家族のワーク・ライフ・バランスを見つめ直すんだ。負担や悩み、問題点を共有して、対応策を検討していくよ。

瑞穂　家族で分かり合い、考えることなのね。

耕一　話し合って合意できたことは協定書にまとめるんだ。盛り込む内容に決まりはなく、家族ごとに違っていいのさ。例えば、経営方針や農作業の役割分担、収益の分配、労働時間や休日といった就業条件から、圃場管理や機械整備、経理事務など経営管理の充実、家事の役割分担や家計の管理など生活面のルールを盛り込む家族もあるよ。

瑞穂　ルール化すべき内容は家族や経営の内容によってみんな違うよね。

耕一　近頃は経営継承が大きな課題になっているから、経営権や経営資産の移譲、相続への対応など、円滑な世代交代に向けた内容を盛り込む場合もあるよ。

瑞穂　そんなことまで入れるのね。

耕一　協定書は作ることが目的ではなく、経営を改善したり働き方を変えていくための道具の一つと言えるね。締結後も協定内容を点検し、必要に応じて見直したりグレードアップしたりして、絶えず経営や生活を改善・充実していくことが大切だね。

瑞穂　ワーク・ライフ・バランスを改善するための道具ってことね。

家族の節目に締結を
年々増加　制度上のメリットも

耕一　協定書には家族みんなが調印するよ。農業委員会の会長など第三者が立ち会う調印式をすれば、家族の意識がぐっと高まるね。

瑞穂　結婚披露宴と同じかしら。

耕一　瑞穂、うまいこと言うね。そうだと思うよ。夫婦2人で経営を始める時や後継者が就農・結婚をする時、経営移譲をする時など、家族の節目に合わせて締結するといいね。

瑞穂　将来に向かって「頑張ろう」って思えるね。

耕一　協定締結者には制度上のメリットもあるんだ。農業者年金保険料の政策支援があったり、農業次世代人材投資資金など資金面での優遇もある。共同経営者として認定農業者になったりもするんだ。こうしたメリットもあって、家族経営協定を文書で締結している農家は2021年３月末現在で５万9162戸。年々増加しているよ。

瑞穂　しっかり農家に活用されているのね。

耕一　法人経営にも生かせるよ。経営発展のテコに法人化を選んで１戸１法人になる場合が多いけど、協定は法人設立の準備過程はもちろん、設立後の経営改善にも生きるんだ。家族が主体となる法人では、家族の労働報酬の額など経営や生活と分けることができない課題を一体的に調整・解決する上でも家族経営協定が有効なんだ。

瑞穂　私には難しいけど、法人化しても家族の話し合いや協力を促す協定は大事ということかしら。

耕一　そうだね。家族経営の経営主の91％は男性（15年農林業センサス）だけど、配偶者が経営方針の決定に参画している経営では販売金額が拡大しているという調査結果もあるんだ。

瑞穂　男女共同参画が経営に大きく貢献しているのね。

耕一　そうだよ。女性の活躍が一層注目される時代だから、瑞穂も頑張って。

瑞穂　うん。女性がもっと輝く時代にしたいな。

耕一　一億総活躍社会の実現とも言われているし、おじさんも負けないように頑張るよ。

（全国農業新聞 2020 年 1 月 24 日付）

第3話　複数の市町村などで認定農業者になるのは大変？

国や県に計画を提出すればOK

瑞穂　昨日、学校で農家実習があったんだ。おじさんの農場の近くで田植えをしたよ。

耕一　どうだった？

瑞穂　作業は大変だったし、みんな泥だらけになったけど楽しかったよ。ところで、耕一おじさんは認定農業者だよね。教えてくれた稲山さんは広い面積で農業をしているけど、認定農業者にはなっていないんだって。手続きが大変だからみたい。

耕一　彼から規模拡大の相談を受けたことがあるよ。そのときは、うちの町内だけでは十分な面積を確保できなかったから、隣接する2町村でも農地を借りることにしたんだ。その当時は、3町村それぞれに農業経営改善計画を作成して、提出する必要があったから、大変だと言っていたんだ。

瑞穂　なんとかならないのかしら。

耕一　少しずつ改善が図られているよ。これまでも、農業経営改善計画を一通作成すれば、同じ計画で3町村に申請できるようになっていたんだけど、それでも手間がかかるよね。2020年の4月からは、県内の複数の市町村に農地がある場合は、計画を県に提出すれば良くなったんだ。複数の都道府県に農地がある場合は国に提出すればいいんだ。

瑞穂　あっちこっちに書類を出しに行かなくていいのは楽だね。

耕一　都道府県や国に提出する場合は、20年の4月からインターネットで申請ができるようになったんだ。

瑞穂　便利になったね。

耕一　「農林水産省共通申請サービス」というサイトを使うんだ。

認定する・しないの判断基準は「所得」

瑞穂　たしか、農業経営改善計画は、市町村の「農業経営基盤の強化の促進に関する基本構想」っていうのに照らしあわせて、認定されるんだよね。

耕一　よく覚えているね。基本構想には営農類型や経営規模、所得などの項目があるけど、18年1月からは認定する・しないの判断基準は「所得」が重視されるようになったんだ。

瑞穂　ふーん。市町村ごとに所得の金額設定が違う場合はどうなるのかな？

耕一　鋭い質問するね。計画の提出を受けた国や都道府県は関係する市町村の意見を聞く仕組みになっているんだ。一定の調整がされると思うけど、例えば、計画に書いた所得目標が3町村のうち1町で下回っていたら、うーん…。

瑞穂　ちょっと待って、スマホで調べてみる。「将来的に基本構想の所得水準を達成すると見込まれる場合は計画が認定される可能性がある」って。

耕一　柔軟に対応できそうな印象がするね。

他市町村で認定を受けるのも簡単に

瑞穂　ひとつの市町村で認定を受けている人が、別の市町村でも認定を受けたい場合はどうしたらいいの？

耕一　その場合の手続きも簡単になったんだ。もともと認定を受けていた市町村を含めて、同じ県内の場合は都道府県に、県外の市町村が含まれる場合は国に新しい計画を提出すればいいことになっている。

瑞穂　たしか、計画の有効期間は５年間だよね。この場合はどうなるの？

耕一　もともと認定を受けていた市町村分もそこから５年間有効になるんだ。

瑞穂　さすが、耕一おじさんは詳しいね。農業委員は全国農業新聞で勉強してるって言っていたもんね。他に変わったところはないの？

耕一　この数年で変更された点を説明しよう。18年１月から、申請してから認定されるまでの期間の目安を市町村が公表するようになっているよ。市町村が申請を却下したときは理由などを書面で申請者に知らせることにもなっているんだ。

瑞穂　ダメだったときの理由って気になるよね。

耕一　理由がわかれば、計画を練り直すときのヒントになるね。もともと、自らの経営を発展させるための計画だから、認められなかったことに憤慨するんじゃなくて、考え直すことも大切だと思うよ。

瑞穂　でも一人で考え直すのは大変そうだね。

耕一　確かに。計画の修正に悩んだら、申請した市町村に相談するといいよね。20年３月に閣議決定された食料・農業・農村基本計画で示された「目指すべき農業経営モデル」も参考になると思うよ。

瑞穂　収穫実習のときに稲山さんに話してみるね。おじさん、ありがとう。

（全国農業新聞 2020 年 4 月 17 日付）

農業経営を営む区域ごとの認定申請先

<table>
<tr><th colspan="3">農業経営を営む区域</th><th>認定庁</th></tr>
<tr><td colspan="3">単一市町村の区域内</td><td>市町村長</td></tr>
<tr><td rowspan="4">複数市町村にまたがる</td><td colspan="2">単一都道府県の区域内</td><td>都道府県知事</td></tr>
<tr><td colspan="3">複数都道府県にまたがる</td></tr>
<tr><td rowspan="2"></td><td>単一地方農政局の管区内</td><td>地方農政局長</td></tr>
<tr><td>複数の地方農政局の管区にまたがる</td><td>農林水産大臣</td></tr>
</table>

（農水省資料より作成）

第4話 地域支える集落支援員の役割は？

「集落点検」して住民と改善策を話し合い

耕一 やあ、どうしたんだい。難しい顔して。

瑞穂 授業で、高齢化が進んで存続が難しい集落が増えてるって習ったの。おじさんの集落は大丈夫？

耕一 ははは。心配してくれてありがとう。うちの集落は大丈夫だ。僕だってまだまだ現役だしね。それに集落支援員がいろいろサポートしてくれてるんだ。

瑞穂 集落支援員？

耕一 集落の巡回や状況把握をしてくれる人のことだよ。難しい言葉で言えば「集落点検」というんだけどね。それを踏まえて、住民みんなでそれぞれの役割や共同作業をどうしようか、話し合ってるんだ。

瑞穂 へえ。それはありがたいね。巡回してどんなことを把握しているの？

耕一 どの家に何人住んでいるか、通院や買い物に行く頻度はどのくらいか、共通の道路の草刈りは誰が管理してるか、とかかな。それに一人暮らしの高齢者のもとには毎日のように訪問して、困ったことはないか聞いているみたいだ。

瑞穂 へえ。いろんなことをしてくれるのね。

耕一 そうなんだ。1人でスーパーに行くのが難しい高齢者の買い物代行や、農作物を集めて直売所に持っていくような地域も出てきたんだよ。うちも当番制で道路の草刈りや見回りをしているよ。

瑞穂 それはお年寄りも安心して暮らせるね。集落支援員さんは集落ごとに必ずいるの？

耕一 必ずしもそうではないんだ。自治体での採用で、いたとしても小学校区ごとだったり、市町村に何人かいて、数集落を手分けしてまわっているところもあるそうだよ。うちの集落は自治会長さんが兼任してくれてるんだ。

瑞穂 兼任？ ほかの仕事をしながらでもできるの？

耕一 そうなんだ。2019年10月時点で全国では兼任が3320人。専任が1741人。専任が徐々に増えているみたいだけどね。自治体数では352カ所が採用している。フルタイム以外の勤務もできるんだ。

瑞穂 どうやったらなれるのかしら？

耕一　おや、興味があるのかい。地域の実情に詳しく、集落対策の推進に関してノウハウ・知見を持った人が、自治体からの委嘱を受けて配置されるんだ。だから、支援員の９割以上がそれまで暮らしていた自治体での採用だよ。年齢も、経験を積んだ60代が最も多い。必ずしもそうである決まりはないけどね。

瑞穂　集落の状況をよく知っている人がやっているのね。

耕一　そうだね。僕たちの集落を支える縁の下の力持ちだよ。それに、自治体職員や地域おこし協力隊、地域住民などと協力して、地域ににぎわいをもたらしたり、伝統行事を後世に保存しようと活動している地域もある。行政に集落の実情を伝えて、新たな施策につながったりもね。

瑞穂　そんな人がいるなら、日本のどこの集落も安心ね。

採用望む自治体多いが 人材が見つかりにくい

耕一　課題もあるんだ。誰にでもできる仕事じゃないから、ふさわしい人材がなかなか見つからないんだよ。

瑞穂　農村の人口も減っているしね。

耕一　採用したい自治体は増えているようだよ。移住者が溶け込みやすい環境づくりをして、実際にＩターンが増えている地域もあるそうだ。

瑞穂　私の友達にも、将来は移住して農業が身近にある田舎暮らしがしたいって言ってる子がいるよ。

耕一　「田園回帰」と言ってね。今は、田舎での暮らしに憧れる人が増えているそうだね。20年３月に国が策定した新たな食料・農業・農村基本計画でも、これからの農村では、いろんなライフスタイルを提示できる体制づくりや人材づくりが重要視されているんだ。集落支援員もこれからもっと、大事な役割を果たすはずだ。もちろん、集落に関わるみんなの役割が大事だけどね。

瑞穂　そうだよね。集落支援員にはなれなくても、私も将来、おじさんの集落に貢献していきたいな。

耕一　うれしいこと言ってくれるね。期待しているよ。

（全国農業新聞 2020 年６月 19 日付）

集落支援員数の推移

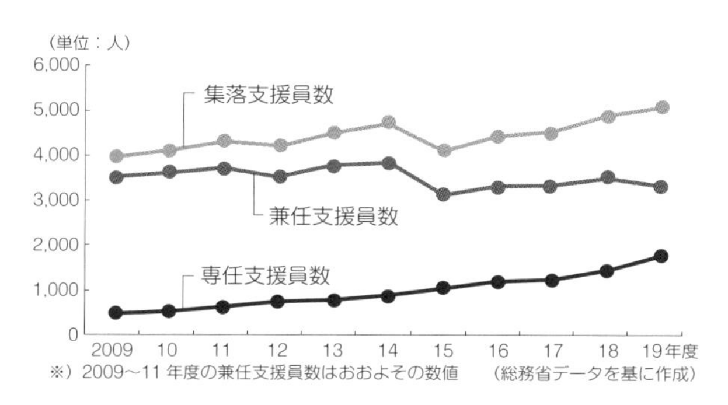

実施自治体数

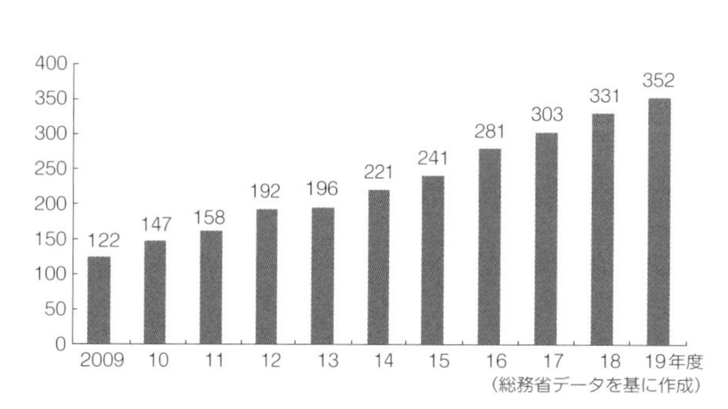

第5話 種苗法はどうして改正されるの？

日本の優良品種の海外流出防止が目的

耕一　おっ！　久しぶり。いいところに来たね。

瑞穂　やったあ、シャインマスカット！　大好き。

耕一　シャインマスカットを見ると思い出すことがあるんだ。

瑞穂　深刻な顔してどうしたの？

耕一　シャインマスカットやイチゴのあまおうとか、日本の優良品種が海外に持ち出されているんだ。

瑞穂　それは知的財産の侵害っていうことだね。

耕一　品種の育成には何年もかかるんだ。日本の農家が栽培するために育成された品種が海外に持ち出されて、海外で栽培・販売されている。

瑞穂　私も聞いたことあるわ。優良品種の海外流出に歯止めを掛けるため、種苗法の改正が検討されているんだって？

耕一　よく知ってるね。

瑞穂　どんな改正案が出されているのかな？

耕一　品種登録を出願するときに、育成者権者が栽培地域の制限を申し出ることができるようになる。国内利用限定とか、国内でも特定の栽培地限定といった制限がかけられる。

瑞穂　国内限定の制限を付ければ、海外には持ち出せなくなるんだね。すべての品種が守られるのかな。

耕一　品種には一般品種と登録品種があって、制限の対象になるのは登録品種だけなんだ。

瑞穂　ふーん。そういえば、何かで見たんだけど、改正案では、自家増殖が制限されるんだって。

耕一　自家増殖にも育成者権が及ぶようになる。登録品種は農業者が勝手には増殖させられなくなるよ。

瑞穂　禁止ではないってこと？

耕一　そう。育成者権者の許諾が得られれば、これまでみたいに自家増殖ができるよ。

瑞穂　許諾を得るのは面倒だね。

耕一　確かに、農家にとっては、ひと手間増えるね。でも、許諾が必要な制度を設けることで、育成者権者の目が届かないところでの増殖がなくなり、違法増殖による海外流出を大きく抑制できると期待されているんだ。

瑞穂　許諾料を請求されることもあるのかな。

耕一 種苗代と合わせて請求されることがあると思うよ。都道府県や農研機構が育成した品種が多いから、許諾料の支払い先としては都道府県などが多くなると思うよ。

瑞穂 公的なところだと、高くはなさそうだね。

耕一 それに、許諾料は優良品種の開発など、将来のために使われるから、ある種の先行投資とも考えられるね。

瑞穂 将来、海外の種苗会社が品種登録して、日本の農家に高い値段で販売したりする心配もあるよね。

耕一 確かにね。でも、それに見合う高値で農産物が売れない限り、誰も手を出さないと思うよ。

瑞穂 自家増殖の話に戻るけど、いろいろなところで農家の皆さんが気に掛けているのはどうしてかな。

現在栽培のほとんどは制限受けない一般品種

耕一 自家増殖が制限されると毎年、種子を購入しないといけなくなると心配している人がいるんだ。でも、現在、栽培されている品種のほとんどが制限を受けない一般品種なんだ。栽培品種のうち一般品種の割合は米で84%、ミカンは97%、リンゴは96%、野菜は91%だそうだ。この表を見てごらん。

瑞穂 生産量が多いコシヒカリやリンゴのふじは一般品種なんだね。

耕一 登録品種も品種登録期間が終わると一般品種になるんだ。品種登録期間は25年間、果樹など木本は30年間と決まっている。在来種や品種登録されたことがない品種も一般品種に分類されているよ。

瑞穂 でも、農家ごとにみると、登録品種を中心に栽培している農家もいそうだね。

耕一 そうだね。そもそも、野菜は自家増殖には適さないF_1品種が主流になっているし、栄養繁殖性の作物の一部は、現在の制度でも登録品種の自家増殖は許諾制になっているよ。

瑞穂 実質的な影響は大きくなさそうだね。

耕一 それに、自家増殖されているのは一般品種にあたる地域の伝統野菜とかに限られていると思うよ。

瑞穂 おじさんの話を聞いてちょっと安心したわ。そろそろ、シャインマスカットを食べようよ。

（全国農業新聞 2020 年 7 月 17 日付）

主な登録品種と一般品種の例

品目	主な一般品種	主な登録品種
コメ	コシヒカリ、ひとめぼれ、あきたこまち、ヒノヒカリ	つや姫、ななつぼし、こしいぶき
うんしゅうみかん	宮川早生、青島温州、興津早生	肥のあかり、北原早生
リンゴ	ふじ、つがる、王林、ジョナゴールド	シナノゴールド、トキ
ブドウ	巨峰、ピオーネ、デラウエア	シャインマスカット
イチゴ	とちおとめ、女峰、とよのか	あまおう、スカイベリー

（農水省資料をもとに作成）

第6話 どうしたら女性がもっと活躍できるの？

家族はもちろん、地域や社会の変化が必要

瑞穂　おじさんの家に来る途中、ご近所の山村さんの奥さんに会ったよ。

耕一　山村さんのところは、奥さんが一緒に農業するようになってから、経営がすごく順調みたい。

瑞穂　すごいね。旦那さんと二人三脚でがんばっているんだね。

耕一　女性が経営に参画している農業者は利益増加率が高いというデータもあるんだ。日本政策金融公庫の調べによると、女性が経営主または役員・管理職を担っている経営体の利益増加率（直近３年間）は126.6%。女性が経営に関与していない経営体の利益増加率は55.2%だとか。

瑞穂　71.4ポイントも差があるね。女性がいる場合といない場合で、どうしてこんなに差があるの？

耕一　女性が持っている消費者としての感性を活かして、ライフスタイルやニーズにあった販売活動や加工品の開発が進められているからだと思うよ。

瑞穂　ふーん。もっと、女性の農業経営者が増えていけば、日本の農業が盛り上がるってことだね。

耕一　そう思うよ。男女ともに農業者数は減少が続いているけど、女性の認定農業者数は増えているんだ。

瑞穂　認定農業者って、経営改善を目指して目標を立てて頑張っている農家のことだよね。

耕一　そうだよ。農水省によると、女性の認定農業者数は1999年の２千人から、2019年には１万１千人にまで増えて、約５倍になっているんだ。

瑞穂　農業で活躍する女性が増えているのがわかるね。さっき話していた女性が経営に参画している農家はどれくらいあるの？

耕一　農林業センサス（15年）によれば、販売農家の47%。認定農業者がいる販売農家では、61%で女性が経営に参画しているんだ。

瑞穂　まだ女性が経営に参画している農家は半数に届かないんだね。女性が働きやすく、暮らしやすい環境が整えば、もっと増えていくと思うわ。

女性の経営への関与別経常利益増加率（直近３年間）

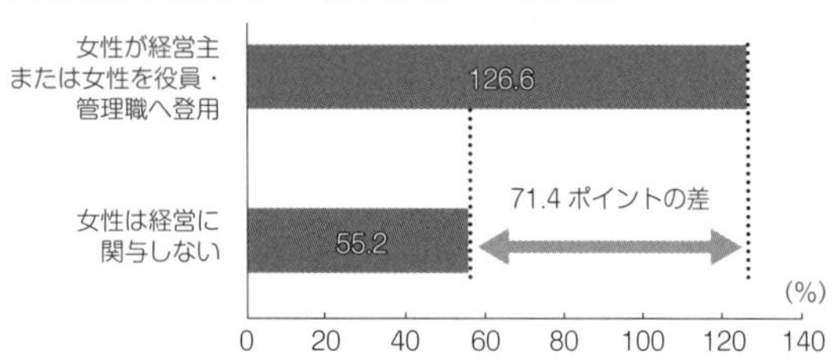

資料：株式会社日本政策金融公庫農林水産事業本部「平成 28 年上半期農業景況調査」（平成 28（2016）年 9 月公表）を基に農林水産省作成）
注：日本政策金融公庫のスーパーＬ資金または農業改良資金の融資先のうち、21,389 先を対象として実施（回収率 28.0%）

耕一 私も同じ問題意識をもっているよ。全国農業新聞にも出てたけど、農水省が「女性の農業における活躍推進に向けた検討会」を開いているそうだ。

瑞穂 どんなことを話し合っているのかな。

耕一 瑞穂が言ってた「女性が働きやすく、暮らしやすい環境づくり」が議題の中心になっているらしいよ。

瑞穂 どうしたらいいのかな。

耕一 女性農業者が農業や地域で活躍するために必要な条件を農水省がアンケートをとったことがあるんだ。たしか、「家事・育児への家族の協力」や「周囲の（家族・地元）の理解」が上位に入っていたよ。

瑞穂 身近な人の理解や協力が大事なんだね。

耕一 環境づくりという点では、25年ほど前から家族経営協定の締結が進められてきているよ。また、農業委員会組織やＪＡでは女性の農業者年金への加入推進にも取り組んでいるんだ。

瑞穂 おじさんがやっている制度面や組織的な対策も大切だけど、男女問わず、みんなが意識を変えていくのも大事だと思うよ。

耕一 そうだね。女性は農業の仕事に加えて、若いときは育児や家事、年をとっていけば介護を一手に引き受けている人が多い。

瑞穂 それに、テレビで見たけど、家族を介護施設に入れると「周りの目が気になってつらい」と感じる女性も少なくないみたい。

耕一 そうだよね。女性自身も含めて、地域や社会全体で意識を変えていく必要があるね。

瑞穂 時代が変わって、おじさんよりも若い世代を中心に、家事や育児を一緒にやっている男性が増えてきているみたいだよ。

耕一 まずは、私たちおじさんが意識を変えていかないとね。

女性農業委員が増加

瑞穂 ところで、女性が働きやすい環境を整えるための活動は、女性農業委員の人たちが力を入れているのかな？

耕一 女性だけでなく、男性も一緒に取り組んでいる農業委員会が多いと思うよ。

瑞穂 女性農業委員の人数が増えてくると、環境づくりが進めやすそうだね。全国で女性農業委員はどれくらい、いるのかな？

耕一 2019年の調査結果によると、全国の農業委員のうち約12％が女性なんだ。20年前は約1.8％だったから、だいぶ増えているよ。でも、15年に政府が策定した第４次男女共同参画基本計画では、30％を目標としているから、まだまだ増やしていかないとね。

瑞穂 おじさん、教えてくれてありがとう。手始めに洗濯でも手伝ってみたら？

耕一 うん、洗濯機のボタンでも押してみるかな。

瑞穂 こりゃダメだ。意識改革は大変だね。

（全国農業新聞 2020 年 9 月 18 日付）

第7話「SDGs（持続可能な開発目標）」に農業はどう関わるの？

食料供給や環境に貢献

瑞穂　エスディージーズ、エスディージーズ、と…

耕一　どうしたんだい、プリントを見ながら、呪文のようにつぶやいて。

瑞穂　明日の社会の試験に出るのよ。覚えづらくて。

耕一　SDGsのことか。こないだ新聞で読んだよ。「Sustainable（サスティナブル） Development（ディベロプメント） Goals（ゴールズ）」。「持続可能な開発目標」って訳されてる。国連サミットで採択して、2030年までの達成を目指しているんだ。豊かさを追求しながら地球環境を守り、「誰一人取り残さない」ことを理念にかがけているね。

瑞穂　プリントに17のゴールが載っているけど、具体的には何をするの？

耕一　そんなに難しいことじゃない。僕がやっている農業だって貢献できることは、たくさんあるよ。

瑞穂　どんなこと？

耕一　ああ。例えば、目標２の「飢餓をゼロに」は、ずばりだね。農業には「食料を供給する」という大事な役割がある。

瑞穂　農家さんのおかげで毎日当たり前のように、みんながご飯を食べられているのね。

耕一　それに、農業は自然環境も守っているよ。これが、目標12の「つくる責任つかう責任」、目標13の「気候変動に具体的な対策を」、目標15の「陸の豊かさも守ろう」などに関わるんだ。先祖が代々守ってきた土地で耕作を続けることは、地域の自然や生態系、景観の維持につながっているからね。

瑞穂　持続可能な環境作りに貢献しているのね。

耕一　農村における仕事場であることも大事な視点だ。新規就農に加えて、雇用就農という点でもね。目標８の「働きがいも経済成長も」や目標９の「産業と技術革新の基盤をつくろう」に関わっているよ。

瑞穂　今、話題になってる「農福連携」も入るね。

男女の格差は課題

耕一　一方で、目標５の「ジェンダー平等」は課題の一つかな。日本は、各国の男女格差を測る「ジェンダーギャップ指数」が153カ国中121位（2019年）と下位なんだよ。農業委員にも女性を増やそうと努力しているけど、まだ頑張りが必要だね。

瑞穂　うちでも最近、お父さんがトイレ掃除の担当になったわ。

耕一　あと、忘れてはいけないのが、農業を含めた食品産業全体としてフードロスや食品ロスを減らす努力だね。ＳＤＧｓの成果は瑞穂たち世代にも関わってくること。期待しているよ。

瑞穂　おじさん、ありがとう。明日の試験も農業のＳＤＧｓは、ばっちり！

耕一　そこはあまり試験に出ないかもな…

（全国農業新聞 2020 年 11 月 20 日付）

SUSTAINABLE DEVELOPMENT GOALS

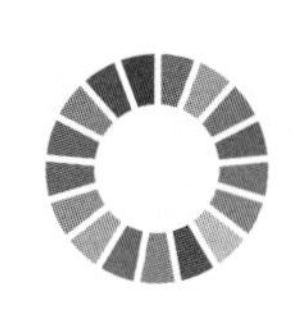

第8話　RCEP参加で日本の農業はどうなる？

重要5品目は守ったため特段影響はなさそう

耕一　久しぶり、よく来たね。浮かない顔してどうしたの。

瑞穂　うーん。相談ごとがあるんだけど。実は、学校の宿題で、地域的な包括的連携協定（ＲＣＥＰ）について調べてるんだけど、まだ、終わってないの。

耕一　まあまあ、宿題は後にして、先に夕食にしようじゃないか。寒いから熱かんでも飲もうかな。

瑞穂　私はあったかい緑茶にする。

耕一　確か、ＲＣＥＰでは清酒も対象になってたよね。

瑞穂　そう。中国や韓国に清酒を輸出する際の関税が撤廃されることになったよ。

耕一　ＲＣＥＰは日本、中国、韓国、オーストラリア、ニュージーランドと東南アジア諸国連合（ＡＳＥＡＮ）の10カ国、計15カ国が参加する巨大な経済圏になる。

瑞穂　参加国の人口は22億７千万人、世界人口の約３割。ＧＤＰでは25.8兆米ドルで世界全体の約３割にあたるんだよ。知ってた？

耕一　もちろん知ってるよ。いつもと反対で今日は瑞穂が先生だね。

瑞穂　じゃあ、続けるね。貿易総額は5.5兆米ドル。これも世界全体の約３割に相当するんだ。

耕一　2020年の11月15日に署名したばかりだよ。インドは途中まで交渉に参加していたけど今回は不参加になったんだ。

瑞穂　将来的にインドが加入すれば、もっと規模が大きくなるね。

参加する理由

耕一　宿題に環太平洋連携協定（ＴＰＰ）との比較を書いてみたら。

瑞穂　それは調べてなかったわ。

耕一　ＴＰＰは11カ国が参加し、参加国の人口は約５億人、ＧＤＰは10.6兆米ドルといわれている。

瑞穂　日本はＴＰＰにも加盟しているけど、ＲＣＥＰにも参加するのはどうしてかな。

耕一　いろいろな理由があると思うけど、一番は日本の隣国で大切な貿易相手国である中国、韓国と結ぶ初めての経済連携協定（ＥＰＡ）ってことだと思うよ。

ＲＣＥＰの影響

耕一　これで勉強はおしまいにして、夕飯にしよう。

瑞穂 本題はこれからだよ。ＲＣＥＰの農業への影響を整理しないと。

耕一 熱かんはもう少しお預けだ。

瑞穂 日本が関税を撤廃する農林水産品の割合（関税撤廃率）はＴＰＰ（82%）、ＥＵとのＥＰＡ（82%）よりも大幅に低い水準になっているよ。対中国は56%、対韓国は49%だって。

耕一 米、麦、牛肉・豚肉、乳製品、甘味資源作物といった日本の重要５品目は関税削減・撤廃から除外されているんだ（表）。

瑞穂 知ってるわ。対中国では、たまねぎ、ねぎ、にんじん、しいたけなどは関税削減・撤廃から除外されているよね。

耕一 そう。これらは生産者団体が加工・業務用で国産品の巻き返しを図りたいとしている品目だよ。

瑞穂 一方で、国産では需要を満たせないものや、国産品とすみ分けができるものは、段階的に関税を撤廃することになった。

耕一 具体的には、冷凍した野菜調整品や乾燥野菜などだよね。韓国とはどうなってるの。

瑞穂 野菜については関税の削減・撤廃から除外することになっているよ。

耕一 よく勉強してるね。

瑞穂 国内の農家への影響は「特段なさそう」と考えて大丈夫だよね。

耕一 そう思うよ。日本からの輸出については、私が説明しよう。

瑞穂 うん、ありがとう。

耕一 日本の輸出関心品目のうち、対中国ではパックご飯、米菓、しょうゆ、チョコレート菓子、切り花、清酒などが、対韓国ではキャンディー、板チョコレートなどが段階的に関税が撤廃されるよ。

瑞穂 加工品が中心なんだね。

耕一 ルールの分野では、農林水産物や食品の輸出促進につながる環境整備も進めることになっているよ。

瑞穂 なるほどね。頭の中が整理できた。おじさんありがとう。

耕一 待ちくたびれたよ。乾杯！

（全国農業新聞 2021 年 1 月 15 日付）

重要品目などの合意内容

品目／国名	中国	韓国	ASEAN、豪州、ニュージーランド
米	関税削減・撤廃から除外	関税削減・撤廃から除外	関税削減・撤廃から除外
麦			
牛肉・豚肉			
乳製品			
甘味資源作物			
鶏肉・鶏肉調整品			
野菜・果樹など	●生産者団体が加工・業務用で国産品の巻き返しを図りたいとする多くの品目を関税削減・撤廃から除外（例：たまねぎ、ねぎ、にんじん、しいたけ） ●国産品だけで国内需要をまかなうことが難しいものや、国産品とすみ分けができているものは長期の撤廃期間を確保（例：冷凍した野菜調整品、乾燥野菜）	野菜については基本的に関税削減・撤廃から除外	ＴＰＰ、日ＥＵ・ＥＰＡよりも大幅に低く、即結ＥＰＡの範囲内の水準

（農水省の資料をもとに作成）

第9話 特定地域づくり事業協同組合制度って？

若者らを安定雇用する受け皿作る制度

耕一　瑞穂は将来なりたい職業はあるのかな？

瑞穂　小学校の先生かな。でも、おじさんみたいに農業もやってみたいし、ファッションデザイナーの仕事にも興味があるの。

耕一　ははは。夢がたくさんあってうらやましいね。

瑞穂　そんなことないよ。そろそろまじめに将来の進路について考えなさいって、いつもお母さんに怒られているんだから。

耕一　そうか。でも、これからはマルチワーカーという働き方も一つの選択肢になるのかもしれないね。

瑞穂　マルチワーカー？

耕一　うん。同時にいくつかの産業や業種の仕事に携わる働き方のことさ。そういう働き方をしている人自身を指す場合もあるけど。

瑞穂　へぇ、おもしろそう。

耕一　そうだ、この資料を見てごらん。昨日、役場でもらってきたんだ。

瑞穂　特定地域づくり事業協同組合制度？なんだか難しそうな名前ね。

耕一　そうでもないよ。簡単に言えば、人口減少に悩む地域で若者などを安定的に雇用できる受け皿を作ろうという制度だよ。2020年の６月にこの制度に関する法律が施行されたらしい。

特定地域づくり事業協同組合制度

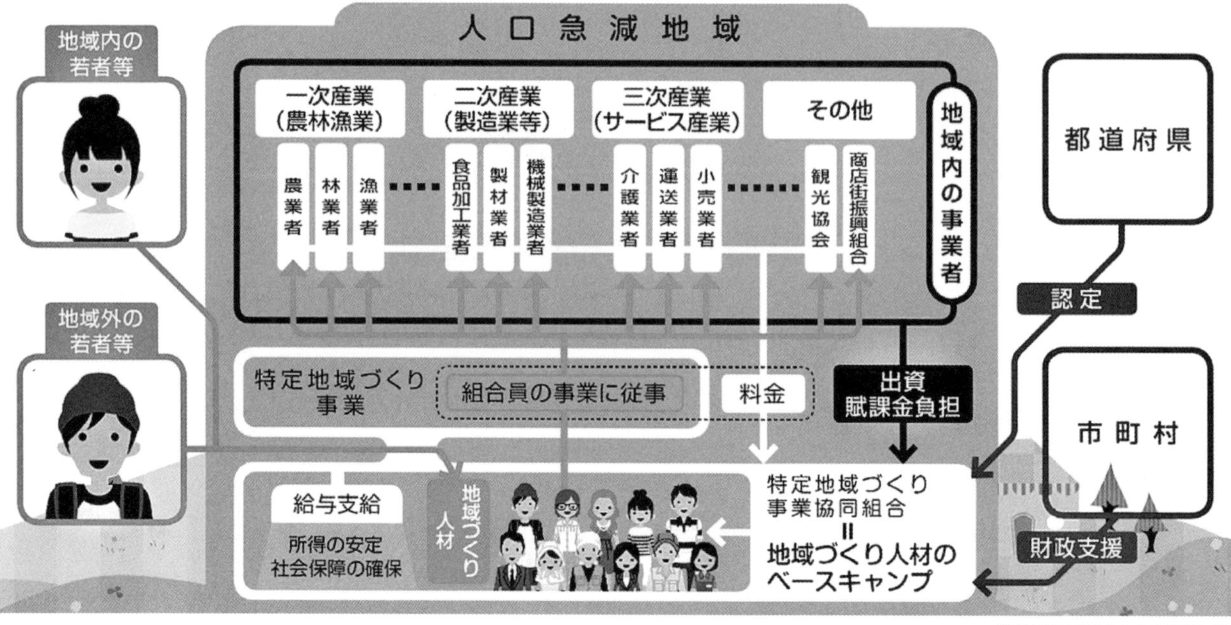

（総務省の資料をもとに作成）

瑞穂 それがマルチワーカーとどう関係があるの？

耕一 この制度を利用すると、組合員の事業に限って、労働者派遣事業を厚生労働大臣の許可ではなく届け出でできるようになるんだ。組合員は、人手が足りない時期などに事業協同組合からマルチワーカーを派遣してもらえるんだよ。

瑞穂 組合員は地域内のさまざまな業種の法人や個人事業者よね。マルチワーカーはその時々で全く違う種類の仕事をするってこと？

耕一 そう。例えば、春は農業、夏から秋にかけては観光業、冬は運送業でそれぞれ働いてもらうイメージかな。各事業者は従業員を直接雇うよりも人件費を抑えられるし、繁忙期の人手を確保しやすくなるよ。

瑞穂 将来的には地域づくりの担い手としても活躍が期待できそうね。

耕一 そうだね。移住先でいきなり定職に就くのはハードルが高いから、若者などからすると、こういう働き方ができると移住や定住をしやすくなるかもね。

瑞穂 地域の人にも移住を目指す人にもメリットがある。一石二鳥の制度だね。

瑞穂 でも、マルチワーカーはちゃんとしたお給料をもらえるのかな？

耕一 それは大丈夫。マルチワーカーは事業協同組合の無期雇用職員として雇われるから、その地域の平均に見合った一定の収入を得ることができるみたいだよ。

瑞穂 そうなんだ。事業協同組合はどうやってそのお金を用意するの？

耕一 設立のときに組合員になる事業者から出資金を集めたり、マルチワーカーの派遣料金を派遣先の事業者から支払ってもらうんだ。

瑞穂 しっかりとした財源があるのね。

耕一 それだけじゃなくて、市町村の補助金や国の交付金で、人件費や組合の運営費を手厚く支援してもらえるんだよ。

瑞穂 それなら安心ね。おじさんも早く組合員になって、農業を手伝ってもらえばいいのに。

耕一 ははは。そのためにはまず地域で４事業者以上の仲間を集めて事業計画を作成したり、都道府県知事から組合設立の認定を受けないといけないんだ。

瑞穂 そうかぁ。まだまだ道のりは長いのね。

耕一 そんなことはないよ。20年12月に島根県海士町で第１号の特定地域づくり事業協同組合が誕生して以降、全国でも認定に向けた動きが進んでいるよ。

瑞穂 よし決めた。私も将来、マルチワーカーを目指すわ！

（全国農業新聞 2021 年２月 12 日付）

第10話「みどりの食料システム戦略」とは？

技術革新で生産力向上と持続可能性の両立目指す

瑞穂 おじさんは、化学肥料や農薬は使っているの？

耕一 ああ、もちろん。栽培に必要な量を計算して使っているよ。

瑞穂 このあいだニュースで、有機農業の割合を増やすっていうのを見たよ。

耕一 ああ、「みどりの食料システム戦略」のことか。確かに大事な考え方だね。ただ、安定してたくさんの作物を作るには、化学肥料や化学農薬を使うことも大事だとおじさんは考えている。

瑞穂 ふーん、じゃあ、この戦略はおじさんには関係ないってこと？

耕一 いや、そういう訳じゃない。食料や農林水産業の生産力を上げることと、環境負荷を軽減することで持続性を高めることの両立を目指した、中長期的に見て大切な戦略だと思うよ。

瑞穂 それにしても壮大な計画ね。どうしてこのタイミングで決まったの？

耕一 いい質問だね。理由はいくつかあると思うが、世界的にもＳＤＧｓ（持続可能な開発目標）が注目されているし、国際的なルールに参画するため、というのも理由の一つなんだ。

瑞穂 あ、社会の先生も国連食料サミットが2021年９月に開かれるって言ってたわ。関係あるの？

耕一 よく知ってるね。例えば、欧州連合（ＥＵ）は30年までに化学農薬の使用を50%減、有機農業を25%に拡大などを目指す「Ｆａｒｍ ｔｏ Ｆｏｒｋ戦略」を20年５月に、米国も「農業イノベーション・アジェンダ」を20年２月に掲げているんだ。

瑞穂 そうした国とサミットとかで環境に関するルールを決めていくには、日本の基準も必要ってことね。

耕一 その通り。それに農産物の輸出を進めていくうえでも、各国の農薬規制の広がりへの対応も必要だと推測されているんだ。この戦略では、50年を見据えた重要業績評価指標（ＫＰＩ）として、14項目もの目標が定められているよ。

瑞穂 どういったことが定められたの？

耕一 農業に関わるところでは、化学農薬使用量の半減や化学肥料の使用量30%低減、有機農業の取り組み面積を25%（100万ヘクタール）に拡大することなどだね。農林水産業の二酸化炭素排出ゼロも含まれている。また、農水省の施策の支援対象は、こうした取り組みを行う経営体に集中するとされている。

瑞穂 二酸化炭素の排出削減は、農業だけじゃなく、社会全体でも注目されているよね。でもできるのかしら？

耕一 技術革新で実現を目指すとしているよ。例えば化学農薬削減のためには、30年頃までにドローンによるピンポイント農薬散布や無人草刈機などによる除草を開発し、普及するとの記載がある。ほかにも化学肥料の削減に向けては、30年頃までに耕畜連携や土壌診断による適切な量の堆肥の施肥、有機農業の普及に向けては、40年頃から主要病害に対する抵抗性を持つ品種の育成が挙げられている。

瑞穂 「スマート農業」っていうやつね。ロボットとか人工知能（ＡＩ）が、農業でも使われる未来がもうそこまで来ているのね。

耕一 それにこの戦略は、日本社会全体の課題解決のためにも重要だ。高齢化も進んでいるし、温暖化の影響も深刻だしね。技術革新で担い手不足や気候変動に対応していくしかないと思うよ。

瑞穂 いろいろなことがつながっているのね。

耕一 それに今のコロナウイルスで、食料供給の在り方も変化が起きている。コロナ禍にも対応した安定的な食料供給システムの構築も戦略には盛り込まれているんだ。

瑞穂 外食産業は大変みたいね。友達もアルバイトのシフトが減らされて、お金がないって言ってたわ。

耕一 瑞穂が大きくなっても安心して３食食べられる環境を残すためにも、僕たちも持続性を考え、少しずつ農作業の在り方を変えていく必要があるかもしれない。今後、僕自身もよく考えていくよ。

瑞穂 でも、目先のことも大切よね。もし、肥料や農薬を買う量が減ったら、お小遣いちょうだい。

耕一 ははは。こりゃ抜け目がないね。

（全国農業新聞 2021 年 4 月 16 日付）

みどりの食料システム戦略が目指す主なＫＰＩ（重要業績評価指標）
①2050年までに、化学農薬使用量の50%低減
②2050年までに、化学肥料使用量の30%低減
③2050年までに、耕地面積に占める有機農業の取り組み面積の割合を25%（100万ヘクタール）に拡大
④2050年までに、農林水産業の二酸化炭素排出ゼロ
⑤2050年までに、化石燃料を使用しない園芸施設への完全移行

（農林水産省の資料を基に作成）

第11話 いま注目の大豆ミート

肉に近い食感、環境問題で脚光

耕一 よく来たね。惜しかった、もう少し早く来れば良かったのに。ちょうどハンバーグを食べ終わったところだよ。

瑞穂 あー残念。おじさんが焼いてくれるハンバーグはおいしいんだよね。

耕一 今日のは特別だったんだ。

瑞穂 もしかして、高級和牛を使ったの？

耕一 ハズレ。驚かないでね、大豆ミートだったんだ。

瑞穂 大豆ミートってどんなの？

耕一 大豆からタンパク質を取り出し、繊維状にして肉に近い食感に仕上げた食品素材のことだよ。

瑞穂 植物由来の肉だから、普通の肉よりも環境負荷が小さいんでしょ。

耕一 そう。農水省のみどりの食料システム戦略でも、「大豆ミートなど代替肉の研究開発を推進していく」と明記されているよ。

瑞穂 なるほど。普通の肉の消費が少しずつでも代替肉に置き換われば、家畜の排せつ物や牛のげっぷ由来の温室効果ガスの削減につながりそうだからだね。

耕一 それだけじゃないんだ。実は大豆ミートなどの植物性素材をつかった代替肉は、食料問題への貢献も期待されているんだ。

瑞穂 世界的に食料が不足しているけど、特にタンパク質の不足が課題になっているんだよね。

耕一 そう、だからタンパク質含量が高い大豆ミートは注目されているよ。他にもコオロギなどの昆虫食をはじめ、多様なタンパク源の開発・実用化が進められているんだ。

瑞穂 農水省もフードテック研究会を立ち上げて検討しているんだよね。

耕一 さすが、普通の高校生はそこまで知らないんじゃない？ 2020年の3月に閣議決定された食料・農業・農村基本計画では、食と先端技術を掛け合わせたフードテックの展開を産学官連携で推進することが明記された。これを受けて検討会が設置され、20年7月には中間とりまとめを公表したんだ。

瑞穂 ところで、大豆ミートはどうやって作るの？

耕一 大豆から油分を抜いて作った脱脂大豆を高温・高圧で成型するんだ。

瑞穂 ふーん。その後は？

耕一 成型するときに、ひき肉タイプなどいろいろな形状に加工できるんだ。その後、乾燥させて販売する。調理するときに水で戻して使うんだ。

瑞穂　おじさんはひき肉タイプの大豆ミートでハンバーグを作ったんだね。

耕一　正解。インターネットで買ったんだよ。

瑞穂　栄養面はどうなの？

耕一　高タンパク質、低脂質、低カロリーで栄養面の評価も高いんだ。

瑞穂　美容にもいいの？

耕一　そうみたいだね。それに、コレステロールフリーで高脂血症に悩む人にもお勧めの食材なんだ。

瑞穂　未来型の食べ物だね。

耕一　いやいや、老舗のメーカーは1960年代から商品化しているんだよ。

瑞穂　意外と古くからあるんだ。こんなにブームになったのは最近だよね。

耕一　そうだね。うす切り肉風など肉の形状の商品はまだ珍しいけど、ハンバーグなどの加工品はよくスーパーなどで見かけるよ。

瑞穂　今度、食べてみようかな。

耕一　大豆以外にも小麦やエンドウマメから作った植物性素材の代替肉もあるんだ。それに、動物の細胞を培養して作る培養肉の研究も進められている。

瑞穂　培養肉かぁ。国際宇宙ステーションとか月面基地でも作れそうな気がする。こっちは本当に未来型だね。

耕一　実用化されたら食べてみたいな。

瑞穂　あっ、大事なこと聞くの忘れてた。大豆ミートのハンバーグはおいしかったの？

耕一　おいしかったよ。牛肉のハンバーグと変わらない味と食感だったよ。

瑞穂　今度、私にも食べさせて。

耕一　いつでも食べに来なさい。和牛ステーキと違って、お値段も「ステキ」だからね。

瑞穂　えっ、ハンバーグの話してたのに！なんだか寒くなってきちゃった（笑）

（全国農業新聞2021年9月17日付）

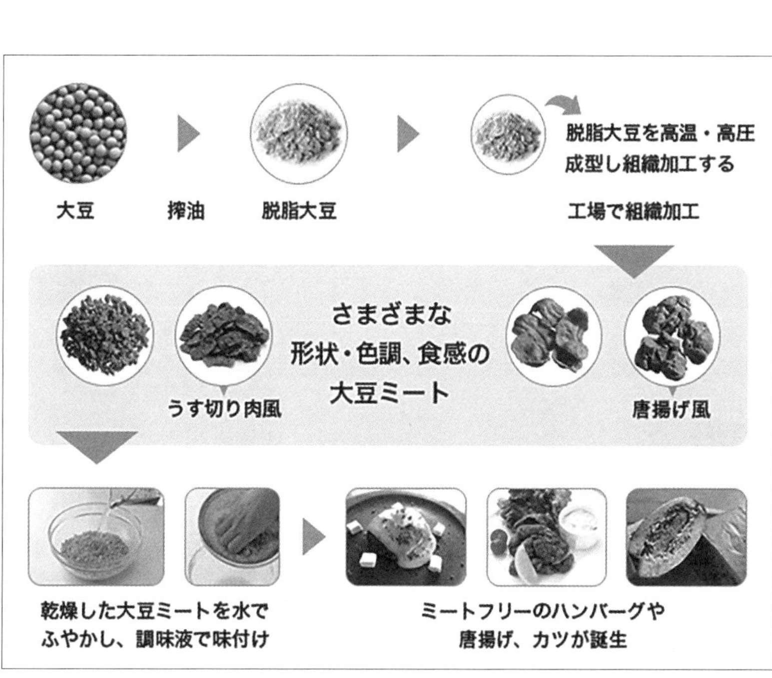

大豆ミートの製造工程　（提供・不二製油㈱）

第12話　改正されたコメの表示制度

「農産物検査証明」がなくても産地、品種、年産が表示できる

耕一　よく来たね。

瑞穂　お腹空いた。おやつとかないの。

耕一　ごめん。おやつは何もないなあ。おじさんたち酒飲みはスイーツはあまり食べないんだ。

瑞穂　そうだよね。

耕一　そうそう、岡山の友だちから新米をもらったから見てみて。

瑞穂　「単一原料米（山田農場の自主基準による確認済）岡山県　ヒノヒカリ　令和３年産」って書いてある。

耕一　2021年７月に表示制度が改正されたんだ。

瑞穂　聞いたことあるよ。農産物検査法に基づく「農産物検査による証明」がなくても産地、品種、産年が表示できるようになったんだよね。

耕一　ご名答。ただし、産地、品種、産年の表示事項の根拠となる資料を保管することが条件になっているんだ。

瑞穂　検査の受検費用が節約できればコスト削減にもなるね。

耕一　そうだね。１袋数百円でも積み上げれば大きな額になるね。

瑞穂　あと気になるのは、どうして「山田農場の自主基準による確認済」って書いてあるの？

耕一　表示確認方法も任意で表示できることになったんだ。

瑞穂　自主基準以外の書き方もあるのかな。

耕一　「品種についてはＤＮＡ検査済」などの表現が消費者庁から例示されているよ。

瑞穂　これは産地と産年の確認方法は記載していないパターンだね。

耕一　そうだね。この場合でも産地、産年の根拠資料の保管も必要なんだ。

瑞穂　ふーん。県の奨励品種以外を栽培して、自分で売る場合には大きなメリットがあるね。

耕一　なかなか鋭いね。これまで、県の奨励品種などになっていない場合は農産物検査が受けられず、品種名などを書かずに「未検査米国内産」と表示して売らざるを得なかった。

瑞穂　でも、今回の改正でどの品種でも品種名を表示できるようになったから良かったね。

耕一　品種名を表示できるのとできないのでは、値段がだいぶ変わるから大きいと思うよ。

瑞穂　ところで、さっき話してた根拠となる資料ってどんなものなの？

耕一　農家が米穀として出荷・販売する場合は「どのような種苗を用いて生産されたかが分かる資料」として種苗の購入記録などを残す必要がある。

瑞穂　他にもあるの？

耕一　これに加えて、「全体の作付状況などに対する品種ごとの作付状況が分かる資料」として水稲共済細目書異動申告書や営農計画書、営農日誌などが必要なんだ。

瑞穂　しばらく保管しておけばいいのかな。

耕一　これらは調製年月日もしくは精米年月日から３年間の保管が義務づけられている。

瑞穂　思ったより長いね。

耕一　さあ、もうすぐ夕飯だ。新米を炊いて食べてみようか。山田さんは奥さんが一緒に農業やるようになって米作りの腕に磨きがかかっているんだ。

（全国農業新聞 2021 年 10 月 15 日付）

農産物検査法による証明を受けている場合

全ての原料玄米について農産物検査法による証明を受けている場合で、その確認方法を表示する場合

	産　地	品　種	産年
原料玄米	単一原料米 ○○県 農産物検査証明による	○○ヒカリ	令和３年産

農産物検査法による証明を受けていない場合

産地、品種および産年について根拠資料を保管しており、その確認方法を表示する場合

	産　地	品　種	産年
原料玄米	単一原料米（○○農場の自主基準による確認済） ○○県	○○ヒカリ	令和３年産

※当社の自主基準では、○○○○○○○○の確認を行っています。

産地、品種および産年について根拠資料を保管しており、品種の確認方法のみを表示する場合

	産　地	品　種	産年
原料玄米	単一原料米 ○○県 品種については、DNA 検査済	○○ヒカリ	令和３年産

※DNA検査については、○○社の検査結果による。

第13話 e MAFFでオンライン申請

農水省所管の手続き　全てに対応へ

瑞穂　最近、お米の販売価格が下がっているの？

耕一　うん。米の在庫量が需要量を大きく上回る見通しだからね。全国の稲作農家が不安を感じているよ。

瑞穂　それは大変ね。

耕一　国もさまざまな支援制度を検討しているみたいだけど、農業者自らがリスクに備えておくことが何よりも大事だね。

瑞穂　農業者の収入減少に対応できる備えにはどのようなものがあるの？

耕一　農業共済や米・畑作物の収入減少影響緩和交付金（ナラシ対策）、野菜価格安定制度などかな。あと、収入保険制度もあるよ。

瑞穂　収入保険なら、少し前におじさんに教えてもらったわ。2019年１月から始まった新しい保険制度よね。

耕一　そのとおり。

瑞穂　青色申告の実績が１年以上あることが加入条件で、ほぼ全ての農作物が補償対象なのよね。

耕一　自然災害や市場価格の低下だけでなく、運搬中の事故や盗難、取引先の倒産などのさまざまな原因による収入減少が補償の対象になるんだよ。

瑞穂　お米の価格低下や新型コロナウイルスの影響で販売収入が減少した場合でも、その期間中に収入保険に加入していれば補償を受けられるってことね。

耕一　21年８月からは、インターネットを利用して収入保険の加入申請や保険金請求などの手続きができるようになったんだ。

瑞穂　窓口に行かなくても、自宅や職場のパソコンやスマートフォンから手続きができるってこと？

耕一　そういうこと。しかもオンライン申請すると、新規加入者で4500円、継続加入者で2200円が付加保険料（事務費）から割り引かれるんだって。

瑞穂　今までよりも申請が楽にできるうえに、保険料の割引も受けられるなんて、何か裏がありそうね。

耕一　ははは、心配ないよ。これは「農林水産省共通申請サービス」、通称ｅＭＡＦＦ（イーマフ）という農水省が作った電子申請システムを利用しているんだ。農水省ではいま行政手続きのオンライン化を進めているらしい。収入保険のオンライン申請もその取り組みの一つだよ。

瑞穂　それなら安心ね。収入保険の他には、どのような手続きがオンライン申請できるのかしら？

耕一　例えば、国または都道府県が認定する認定農業者制度の農業経営改善計画認定の申請や、経営所得安定対策などの交付申請などができるよ。21年11月12日時点で１千以上の手続きがオンライン申請に対応しているらしい。

瑞穂　えっ！　そんなにたくさんあるの？

耕一　驚くのはまだ早い。農水省が所管する行政手続きは全部で３千以上あるらしいんだけど、22年度にはこれらを100%、オンライン申請できる状態を目指しているんだ。

瑞穂　すごいわね。でも、オンライン化を進めることで、農業者にはどんなメリットがあるのかしら。

耕一　一つは、事務の効率化だね。ほら、これを見てごらん。この膨大な紙は、ある補助金の申請に必要な添付資料の一式なんだって。

瑞穂　すごく分厚いわね！

耕一　オンライン申請なら情報が全て電子化されるから、こんな紙資料の添付がいらなくなるんだよ。県、市町村の担当者も審査が楽になる。また、過去に申請した情報を活用できるから、中には、前年度から変更のあった項目だけ更新すれば申請手続きがほぼ完了できるものもあるだろうね。

瑞穂　紙の申請書を一から書くよりもだいぶ楽ね。

耕一　ちなみに、オンライン申請を始めるためには、マイナンバーカードがあると簡単に手続きができるんだって。オンライン申請について詳しく知りたい場合は、最寄りの市町村の窓口に相談するといいらしい。

瑞穂　世の中、知らないうちにいろいろと便利になっているのね。

耕一　瑞穂もしっかり勉強して、将来さらに便利な仕組みをつくってくれよ。

瑞穂　うん、頑張る！

（全国農業新聞 2021 年 11 月 19 日付）

農水省所管のある交付金の申請手続きの添付資料一式
（1事業者の申請）

第14話「有機ＪＡＳ」ってなんだろう

国際的なルールに準拠して作成

瑞穂　おじさん、珍しく本を読んでるね。

耕一　国が2050年までに有機農業100万ヘクタールを目指すそうだから、有機栽培の勉強をしているんだ。

瑞穂　そういえば、お正月に有機ＪＡＳマークが付いた緑茶を飲んだよ。有機ＪＡＳについて教えて。

耕一　1999年のＪＡＳ法の改正により、有機農産物やその加工食品に関する規格が制定されたのが始まりなんだ。

瑞穂　お父さんが「昔、有機とか減農薬の表示が好き勝手に使われて混乱していた時代があった」って言ったよ。

耕一　そう。それは90年代前半ごろの話だね。こうした国内の事情に加えて、国際的な動きにも対応して制定されたんだ。

瑞穂　詳しく教えてよ。

耕一　99年にコーデックス委員会（ＦＡＯ・ＷＨＯ合同食品規格委員会）が「有機生産食品の生産、加工、表示及び販売に掛かるガイドライン」という国際的なルールを作ったんだ。日本の有機ＪＡＳ制度はこのガイドラインに準拠して作られている。

瑞穂　ところで、有機ＪＡＳによる栽培面積はどれくらいあるのかな。

耕一　有機ＪＡＳ認証を受けた面積は約１万0850ヘクタールで、認証を受けていないけど有機栽培をしている面積も合わせると合計で約２万3700ヘクタールになる（2018年現在）。

瑞穂　どんな作物が多いのかな？

耕一　作目別の面積は手元にないけど、地目別の割合をみると普通畑47%、田27%、茶畑13%の順になっているんだ。

瑞穂　そうなんだ。盛んな県があるのかな。

耕一　有機ＪＡＳ栽培面積の４分の１は北海道が占めているよ。それに鹿児島県、熊本県が続いている。

瑞穂　ところで、農家が有機ＪＡＳ認証を受けるにはどうしたらいいのかな。

耕一　登録認証機関に申請し、基準を満たしていれば認証される。認証された事業者だけが有機ＪＡＳマークを使用できるんだよ。

瑞穂　どんな基準なの。

耕一　「圃場や加工場などが有機ＪＡＳの生産基準を満たしていること」と「生産管理やその記録の作成が適切に行われていること」の２点なんだ。

瑞穂 有機農産物の生産基準のポイントは、堆肥などによる土作り、播種や植え付け前の２年以上と栽培中は化学肥料や農薬は使わないってことでしょ。

耕一 大正解。よく知ってるね！

瑞穂 ごめんね。ちょっとスマホで調べちゃった。

耕一 他にも、「遺伝子組み換え種苗は使用しないこと」なんて基準もあるよ。

瑞穂 最初に認証を受けた後も基準を満たしているかどうか確認があるのかな。

耕一 認証後は、毎年、実地調査を受けることになっているんだ。

瑞穂 大変そうだね。

耕一 2021年11月に運用改善が行われて、認証後の実地調査はリモートでも受けられるようになったんだ。

瑞穂 負担軽減になりそうだね。

耕一 運用改善では有機ＪＡＳ栽培で使用可能な資材リストも公表されたよ。

瑞穂 リストがあれば確認の手間が省けて助かるね。

耕一 有機農業100万ヘクタールという目標は「みどりの食料システム戦略」で掲げられているもので、有機ＪＡＳ栽培を含めた有機栽培全体での目標なんだ。

瑞穂 21年の５月に作られたカーボンニュートラルなんかを目指す戦略ね。

耕一 よく知っているね。

瑞穂 100万ヘクタールは全耕地面積の25%に相当する面積で、高い目標だよね。

耕一 だから、少しでも有機農業に取り組みやすくなるように、有機ＪＡＳ認証制度の運用が改善されたんだと思うよ。

瑞穂 私たち消費者が環境問題や有機栽培する農家の大変さをもっと理解していくことも大切だよね。

耕一 なかなか良いことを言うね。

（全国農業新聞 2022 年 1 月 14 日付）

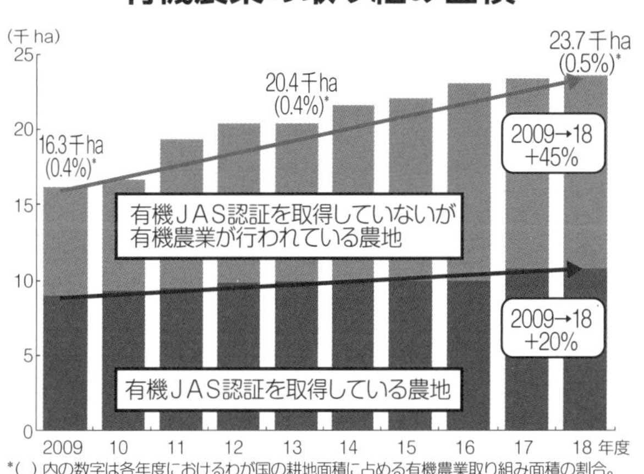

第15話 みどりの食料システム法が施行

化学農薬・肥料の低減と有機農業の推進

瑞穂 ふむふむ、みどりの食料システム法が7月から施行…と。

耕一 お、新聞読んでるんだ。熱心だな。

瑞穂 まあね。え～と、確か2050年の目標を定めていたよね。この法律と似た名前の…あれは確か…。

耕一 みどりの食料システム戦略。化学農薬の使用量（リスク換算）の50％低減、化学肥料の使用量の30％低減を目指すとしている。有機農業の取り組み面積の割合を25％（100万ヘクタール）に拡大する、なんて意欲的な目標も掲げて話題になった。6月21日に設定した中間目標（30年目標）では、化学農薬の使用量（同）の10％低減、化学肥料の使用量の20％低減などとしている。

瑞穂 その戦略と今月、施行になった法律の関係は？　まさか、化学農薬や化学肥料の使用が禁止になったとか？

耕一 ない、ない。化学農薬や化学肥料の使用をいきなりゼロにするのは、技術的にも難しいからね。でも「使用量を少し減らしてみよう」とか「堆肥を使ってみよう」とか、新しい法律をきっかけに自分の経営を見つめ直してほしいと政府は考えている。今、肥料価格の高騰が問題になっているけど、その対策という意味でも取り組む意義は大きいね。

瑞穂 それじゃ、どんな法律なの？

耕一 二段構えになっているんだ。前半は基本理念などが定められていて、国と地方公共団体は必要な施策を策定・実施する責務があること、農林漁業者や食品産業は事業活動を通じて、消費者は農林水産物などの選択を通じて環境への負荷の低減に努めることなどが規定されているよ。

瑞穂 消費者の努力規定まであるんだ。後半は？

耕一 環境負荷低減事業活動に関する計画の認定制度が定められていて、認定を受けると特例措置が受けられるんだ。

瑞穂 例えば？

耕一 一番のポイントは新たに創設したみどり投資促進税制かな。化学農薬や化学肥料を減らす取り組みに必要となる機械などを導入する際に特別償却が受けられる。

瑞穂 これまでエコファーマーだった人はどうなるの？

耕一 経過措置を設けている。今、エコファーマーとして計画認定を受けている人は、新法の施行後もその認定期間は、エコファーマーとして活動できるようにしてるよ。

瑞穂 これでみどりの食料システム戦略は実現できるのかな？

耕一 かなり息の長い取り組みになるし、流通や消費など川中・川下サイドへの理解促進も欠かせない。今回の法律は、はじめの一歩なんだ。

瑞穂 環境に配慮した新しい農業が始まろうとしているんだね。

（全国農業新聞 2022 年 7 月 15 日付）

主な支援措置一覧

	支援措置	支援内容	支援対象となる取り組み
金融	農業改良資金	償還期間 :12 年 利率：無利子	化学農薬・化学肥料の使用削減や温室効果ガスの排出削減に取り組む場合の設備投資など
	畜産経営環境調和推進資金	償還期間 :20 年以内 利率：0.50%*	家畜排せつ物の処理・利用のための強制かくはん装置などを備えた堆肥舎などの施設・設備の整備など
	食品流通改善資金	償還期間 :15 年以内 利率：0.18 ～ 0.45%*	環境に配慮して生産された農林水産物を取り扱うために必要な加工・流通施設などの設備投資など
	新事業活動促進資金	償還期間：20 年以内 利率： 2 億 7000 万円まで特利② 0.43% ～ 0.90% *	環境負荷低減に資する機械の製造ラインや有機質肥料などの生産資材の製造ラインなどの設備投資
税制	みどり投資促進税制 （法人税・所得税の特例）	特別償却 機械装置、器具備品：32% 建物、付属設備：16%	【生産者向け】 化学農薬・化学肥料の使用削減に必要な機械などの設備投資 【事業者向け】 有機質肥料などの生産資材の製造ラインなどの設備投資
その他	行政手続きのワンストップ化	地域ぐるみの取り組みに必要な施設整備などに関する農地転用許可や補助金など交付財産の目的外使用の承認などの手続きをワンストップ化	

* 融資の利用に当たっては、別途日本政策金融公庫による審査が必要（金利は 2022 年 4 月時点）

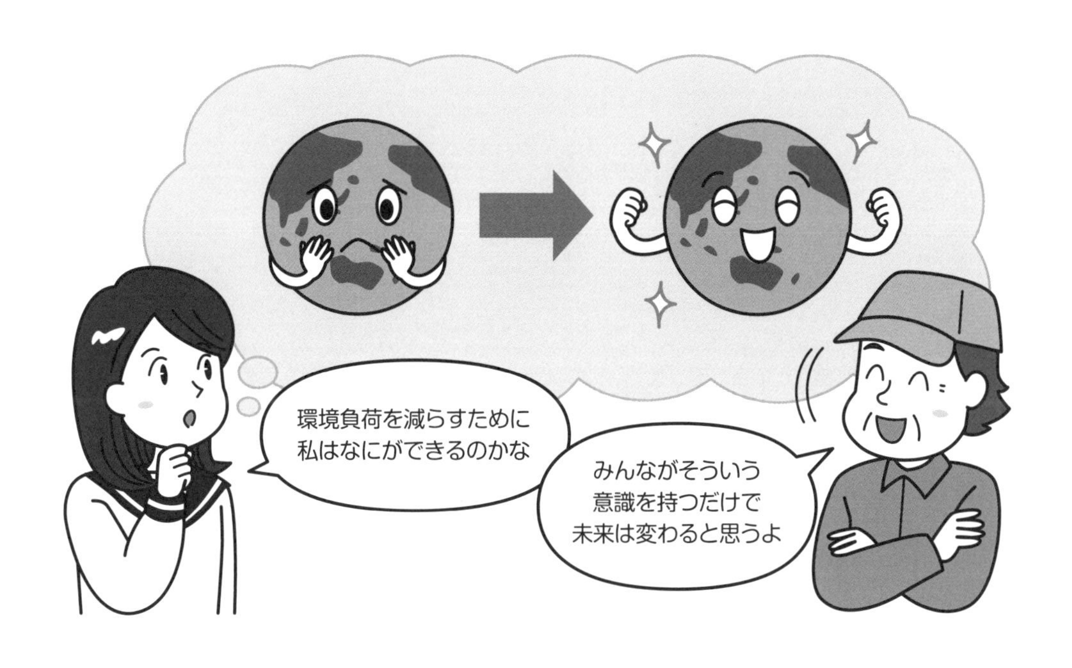

II

トピックス

トピックス 第1話

農業経営基盤強化促進法等の改正

農業の将来の在り方
「地域計画」策定へ

農地の集約化と人の確保・育成、農地保全による荒廃防止などを目指す人・農地関連法が5月20日の参院本会議で可決・成立した。市町村は地域農業の将来の在り方について協議の場を設け、目標地図を含めた地域計画（人・農地プラン）を策定する。農業委員会は、農業を担う者ごとに利用する農用地などを定めた目標地図の素案づくりを担う。

農業委員会の新たな役割
目標地図の素案を作成

分散錯圃の状況にある農地を使いやすくまとめるため、あらかじめ将来の農地利用の姿を描き、計画的に集積・集約化を進める。市町村は協議の場を設けて話し合いを行い、地域計画を策定する。農業委員会は関係機関の協力を得ながら農業者の意向を踏まえ、目標地図の素案を作成する。

地域計画は、法律の施行日（政府による想定は2023年4月1日）から2年経過する日までに作成する。法律の公布から施行日までの期間を合わせ、作成期間は3年程度となる。

地域の共通目標である地域計画の策定後は、その達成に向けて農業委員会が農地所有者などに農地バンクへの貸し付けを積極的に働きかける。

また、都道府県は農業を担う者の確保・育成に関する方針を策定し、農業経営・就農支援を行う体制を整備するほか、公庫による融資など認定農業者の事業展開を支援する。農地法における農地取得時の下限面積要件は、農地を利用しやすくするため廃止する。

改正法のポイント

農業経営基盤強化促進法など

【地域計画の策定】

○ 農業委員会による目標地図（素案）を基に、市町村は地域計画を策定

【地域計画の達成に向けた取り組み】

○ 農業委員会は農地バンクへの貸し付けなどを積極的に推進し、農地バンクは、農地の借り入れなどを農地所有者に積極的に申し入れ

○ 通常の地域計画を策定した地域について、追加的に、地域計画の特例として、３分の２以上の農地所有者の同意を得た場合、農地を貸し付けるときは農地バンクとすることを提案できる仕組みを措置

○ 農業委員会の意見を聴いて、農地バンクは農用地利用集積等促進計画を策定（現行の市町村の農用地利用集積計画は農用地利用集積等促進計画に統合）

○ 農業委員会は農用地利用集積等促進計画を定めるべき旨を農地バンクに要請でき、農地バンクは要請内容を勘案して計画を策定

○ 農家負担ゼロの基盤整備事業の対象に、農地バンクが農作業の委託などを受けている農地を追加

○ 農地バンクに対する遊休農地の貸し付けに係る裁定などにおける貸付期間の上限を延長（20年→40年）

○ 農業委員会は農地利用最適化推進指針を定めなければならない（義務化）

【人の確保・育成】

○ 農地法における農地などの権利取得時の下限面積要件を廃止

○ 認定農業者の事業展開を資金面などで後押し

（全国農業新聞 2022 年 5 月 27 日付 1 面）

トピックス 第2話
農山漁村活性化法の改正

農用地保全事業が追加
地域計画と一体で推進

改正法のスキームは図の通り。農用地保全事業が新設され、関連して農地法や農振法などの特例措置や事業実施に当たって土地の権利移転などの促進措置が講じられた。

同事業の対象は、▽さまざまな努力を払ってもなお維持することが困難な農用地▽農業利用されている農用地周辺の土地。林地化する場合は、▽山際などの農用地などとして維持することが極めて困難▽保全するより合理的▽地域森林計画への確実な編入――という基準を満たす必要がある。

改正基盤法の地域計画との関係で留意すべき点は、地域計画で「農業上の利用が行われる区域」を明確化することを基本に、地域計画に支障がないように「保全などを進める区域」を設ける必要があるということだ。なお、活性化計画の作成・見直しは任意であり、策定期限もない。地域計画の場合、農業経営基盤強化促進基本構想を定めた市町村は、施行日から2年以内に策定するとされており、両者を混同しないようにしたい。

活性化事業を行う土地が農振農用地区域からの除外を必要とする場合、都道府県知事は農振法の農用地区域除外要件（5要件）に準じて判断する。ただし、農用地保全事業の実施に当たり一定の基準に該当する場合は、例外的に農用地区域内農地や第1種農地であっても除外・転用が可能となる。ここで言う基準とは、▽営農条件が悪く農用地などとして維持することが極めて困難であるなど、やむを得ない事情があり、かつ▽優良農地の確保に支障が生じない場合――などとされている。なお、5要件のうち「土地改良事業などの完了後8年を経過していること」が緩和されるのは、農業用用排水施設整備や客土、暗渠など線的な整備のみで、区画整理など面的整備は対象外となる。

改正法ではそのほか、▽所有権移転等促進計画の対象に農用地保全事業を追加▽関係法律に基づく申請手続きの簡略化――などが措置されている。

制度のポイント

2022年10月に施行された改正農山漁村活性化法（改正活性化法）。同法では、活性化計画の対象事業に放牧や鳥獣緩衝帯、景観作物など省力的・簡易的な土地の利用や管理、計画的な林地化を行う農用地保全事業が追加された。同事業を実施する場合は、地域の話し合いに基づき、改正農業経営基盤強化促進法（改正基盤法）の地域計画と一体的に推進することが重要となる。制度のポイントと先行事例を伝える。

農山漁村活性化法のスキーム

地方自治体	← 提案可能	農林漁業団体など（農村型地域運営組織（農村RMO）など）

作成

【活性化計画】

〈 活性化事業 〉
- 農業振興施設の整備
- 生活環境施設の整備
- 交流施設の整備
- **農用地の保全など**

〈 特例 〉
- 農地法等に係る迅速化
- **多面法による特例など**

必要に応じて作成

【所有権移転等促進計画】
施設用地、**農用地保全事業**の実施に必要な農林地などの権利関係の一括整理

※太字は改正部分

（全国農業新聞2022年10月7日付1面）

トピックス 第3話

インボイス制度

正確な適用税率など買い手に伝え
売り手に交付義務、事業者登録が必要に

2023年10月1日から、消費税の仕入税額控除の方式としてインボイス制度がスタートする。制度開始まで残り1年を切り、国税庁をはじめ各省庁は関係する事業者に早めの登録申請をするよう呼びかけている。だが、一部の生産者からは、既存の取引先との調整が難しく、仕入れに係る消費税額を自己負担せざるを得ないケースなどを懸念する声が上がっている。

インボイス（適格請求書）は、売り手が買い手に対して正確な適用税率や消費税額などを伝えるもの。現行の「区分記載請求書」に「登録番号」「適用税率」「消費税額等」を追加した書類やデータを指す。

制度開始後、売り手である登録事業者は、買い手である取引相手（課税事業者）から求められたときは、インボイスを交付しなければならない。

一方、買い手は売り上げに係る消費税額から、仕入れに係る消費税額を控除（仕入税額控除）するため、交付を受けたインボイスを保存しておくことなどが必要となる。

ただし、農協や卸売市場などを通じた委託販売を行う場合は、インボイスを発行せず（免税事業者のまま）取引を継続できる「農協特例」なども措置されている。

また、簡易課税制度を選択している場合は、これまでと同様、みなし仕入率を用いて仕入税額控除を行うことができる。

インボイスを発行できるのは、「適格請求書発行事業者」に限られる。制度開始までに発行事業者の登録を受けるには、原則、2023年3月末までに申請手続きを済ませる必要がある。9月末時点での登録件数は約120万件（国税庁公表）で、20年度末の課税事業者数の約4割に当たる。

また、20年農林業センサスによると、農業経営体約107万経営体のうち、農産物販売金額で1千万円を超えるのは約13万経営体。発行事業者の登録は任意であり、免税事業者でも登録できるため参考値であるが、農業分野で対応が必要となる事業者も少なくない。

インボイス（適格請求書）の記載事項

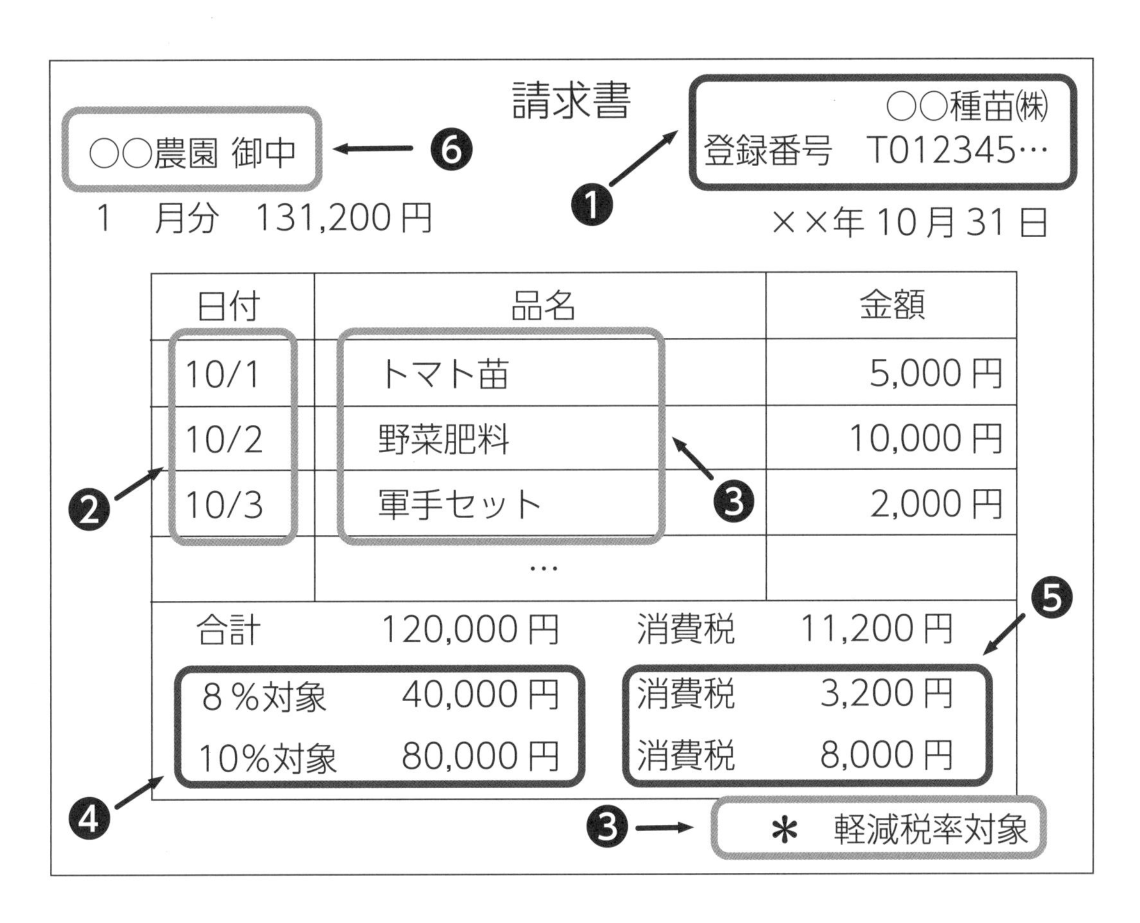

①適格請求書発行事業者の氏名または名称および<u>登録番号</u>

②取引年月日

③取引内容（軽減税率の対象品目である旨）

④税率ごとに区分して合計した対価の額
（税抜きまたは税込み）および<u>適用税率</u>

⑤<u>税率ごとに区分した消費税額等</u>

⑥書類の交付を受ける事業者の氏名または名称

国税庁の資料を基に作成

（全国農業新聞 2022 年 10 月 21 日付 1 面）

トピックス 第4話

相続土地国庫帰属制度

所有者不明土地を抑止
数十年前の相続も申請可

相続した土地を手放し、国庫に帰属させることができる「相続土地国庫帰属制度」が2023年4月から始まる。所有者不明土地の発生防止が主な目的だが、将来的にその土地の所有権を放棄することを前提とした不適切な利用や管理につながるおそれもある。こうした「倫理観の欠如」(モラルハザード）が起きないよう、国は公正性のあるルールづくりを進めている。

所有者不明土地の増加が大きな社会問題となる中、政府は関係閣僚会議や有識者による検討会などを開き、「発生の予防」と「利用の円滑化」の両面から法制度の見直しを進めてきた。

21年4月には民法と不動産登記法を改正。共有制度の見直しや相続登記の義務化を図るとともに、新たに「相続等により取得した土地所有権の国庫への帰属に関する法律」(以下、「帰属法」)を制定した。

帰属法では、所有者不明土地の発生の抑止策として相続土地国庫帰属制度を創設。相続した土地をうまく管理できず、売却したくても買い手がいないケースも増えていることから、一定の要件を満たす土地を国が引き取る仕組みを整備する。

23年4月27日に施行される予定で、22年9月末には制度の詳細を定めた政令が公布されている。

帰属法の施行後、相続人は法務大臣に対し、相続または遺贈（相続人に対するものに限る）によって取得した土地の所有権を国庫に帰属させることについて承認を求めることができる。法施行の前に相続した土地も認められるため、例えば数十年前に相続した土地などでも申請が可能だ。

共有地も対象に

さらに、数人の共有に属する土地の場合には、共有者の全員が共同申請することで、本制度を活用することができる。その際、売買などによって共有持ち分を取得した共有者が含まれる場合でも、相続で取得した共有者が1人いれば、本制度を活用できる。

国庫に帰属した土地は国の普通財産として扱われる。このうち農用地については、農林水産大臣が管理・処分する権限をもつ。基本的には既存の国有農地と同様に、入札などを通じて農業者などに払い下げることになる。

相続土地国庫帰属法のポイント

背景	主な措置内容
●土地利用ニーズの低下などにより、土地を相続したものの、土地を手放したいと考える者が増加している ●相続をきっかけとして、土地を望まず取得した所有者の負担感が増しており、管理の不全化を招いている	●相続または遺贈（相続人に対するものに限る）により取得した土地を手放して、国庫に帰属させることができる制度を創設 ●一定の要件を設定し、法務大臣が審査を実施 ▶土地の要件：通常の管理・処分をするに当たり、過分の費用または労力を要する土地は不可 ▶負担金など：10年分の土地管理費相当分の負担金を納付 ●国庫に帰属した土地は普通財産として国が管理・処分する (農用地については、農林水産大臣が管理・処分する)

一定の要件クリアで承認 負担金20万円の納付必要

本制度により国庫への帰属の承認を受けるには、法令に定められたいくつかの要件をクリアしなければならない。

土地については、通常の管理・処分を行うに当たり、過分の費用や労力を要する場合は対象外となる。例えば、建物がある土地や土壌汚染されている土地が該当する。

また、災害発生のおそれのある土地や管理・処分を阻害するものがある土地は承認を受けることができない。例えば、果樹園だったところに樹木が放置された状態になっている土地などは承認されない可能性が高い。

加えて、申請者は10年分の土地管理費相当額の「負担金」を国に納める必要がある。農地の場合、負担金の額は面積に関係なく、原則20万円とされている。

ただし、①市街化区域または用途地域が指定されている地域内の農地②農用地区域内の農地③土地改良事業の施行区域内の農地――については、面積区分ごとに決められた1㎡当たり単価を土地の面積に乗じ、定額を加えた額となる。

申請時に必要な添付書類などについては、今後、法務省が関係省庁と協議したうえで省令に定める予定だという。同省の担当官は「本制度が利用しやすい制度になるよう準備を進めており、相続の場面における一つの選択肢として本制度を活用いただきたい」と話す。

本制度を巡っては、農業者以外からも市町村や農業委員会に相談が寄せられることが想定される。地域計画（人・農地プラン）の策定やその実現に向けた現場の取り組みに支障を及ぼさないよう準備が求められる。

（全国農業新聞 2022 年 11 月 18 日付 1 面）

国庫帰属の承認ができない土地

申請をすることができないケース（帰属法第 2 条 3 項）

- ●建物がある土地
- ●担保権や使用収益権が設定されている土地
- ●他人の利用が予定されている土地
- ●土壌汚染されている土地
- ●境界が明らかでない土地　など

承認を受けることができないケース（帰属法第 5 条 1 項）

- ●一定の勾配・高さの崖がある土地（管理に過分な費用・労力がかからない場合は除く）
- ●土地の管理・処分を阻害するものが地上にある土地
- ●隣接する土地の所有者などとの争訟によらなければ管理・処分ができない土地　など

国庫帰属までのフローチャート

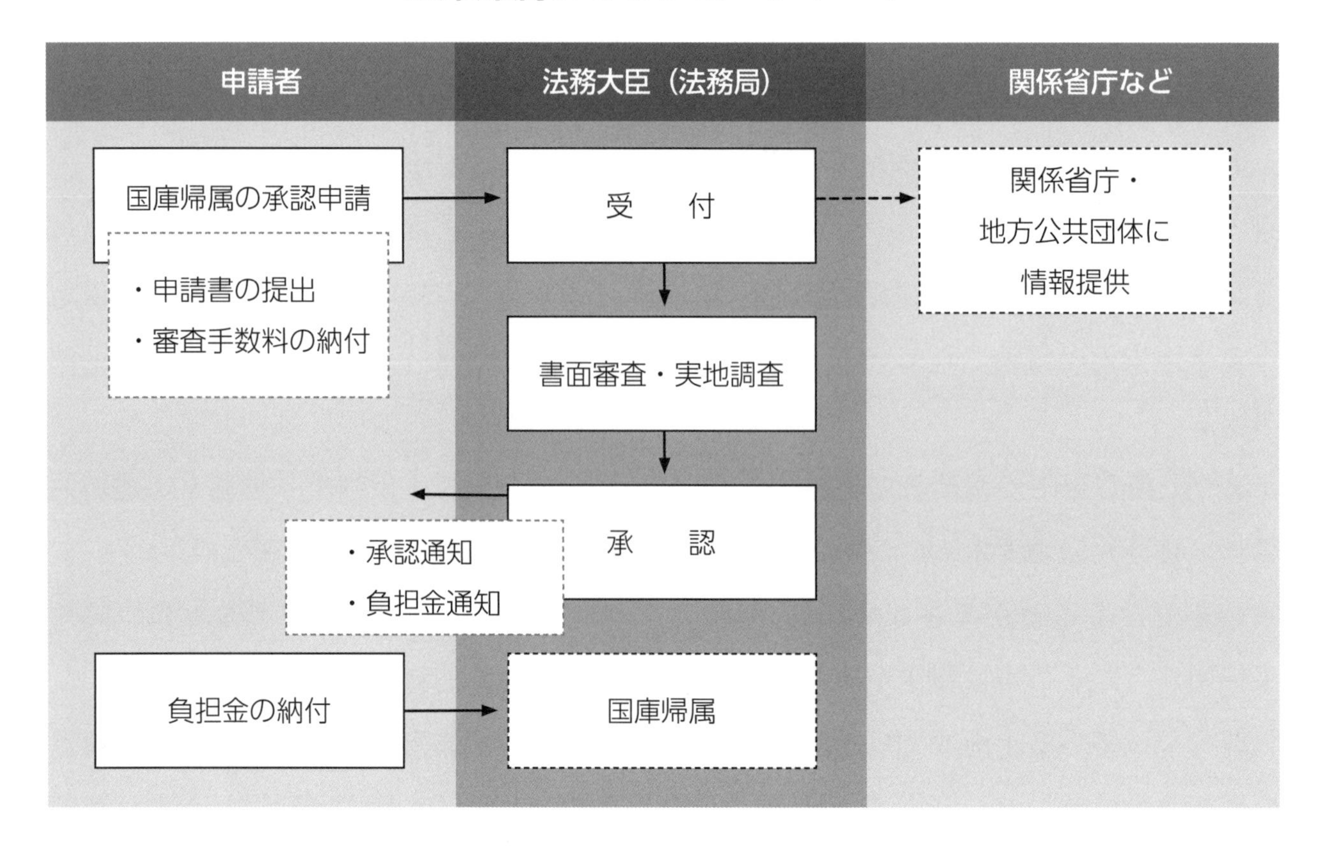

トピックス第5話

世界の有機農業

国際的な広がりと各国の立場の違い

農林水産政策研究所の研究成果報告から

欧米を中心とした有機食品市場の拡大に伴い、世界の有機農業の取り組み面積はここ10年で2倍に拡大した。背景にあるのは食の安全や環境問題への関心の高まり、輸出先国の需要増など。日本では「みどりの食料システム戦略」の策定にもつながった。農林水産政策研究所の研究成果報告から、有機農業の国際的な広がりと各国の立場の違いを伝える。

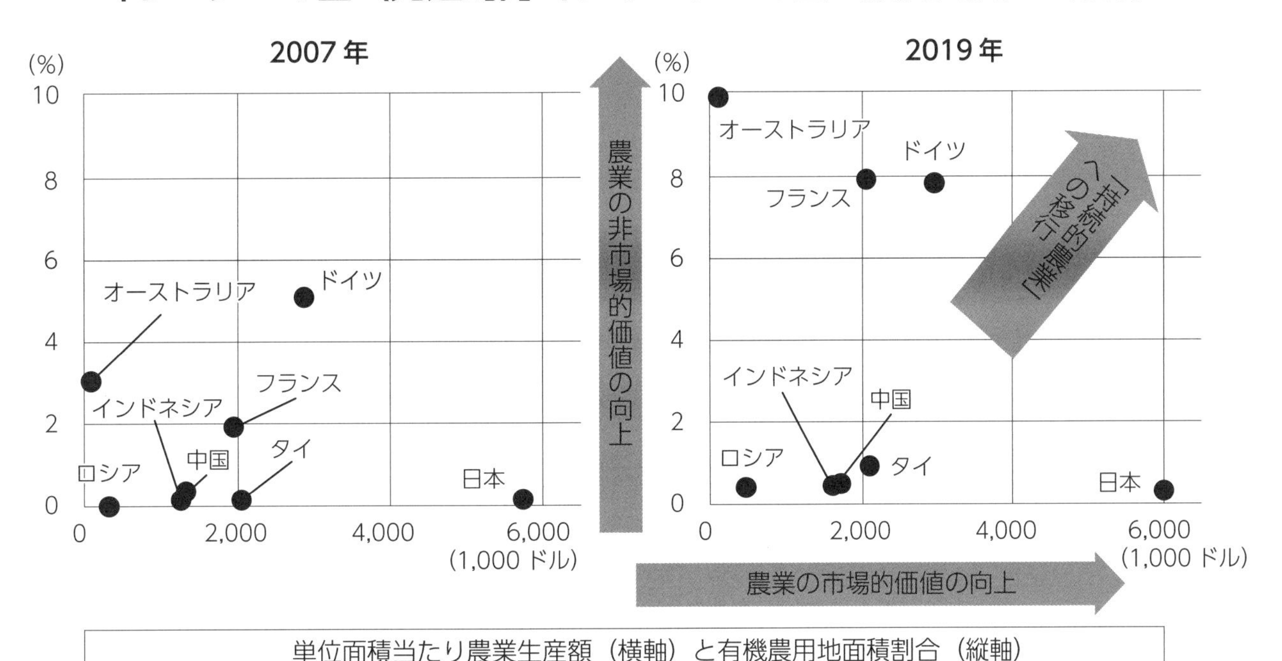

いずれの国も「持続的農業」へ移行 リーダーの国、国民の要求で有機導入

同研究所では、有機農業を巡る各国の立ち位置を農業の市場的価値と非市場的価値の二つの側面から俯瞰した。図は、横軸が単位面積当たりの農業生産額（農業の市場的価値）、縦軸が有機農用地面積割合（農業の非市場的価値）で、この2軸を共に向上させる右上への動きを「持続的農業」への移行とみなした。

有機農用地面積が世界的に増加する前の2007年と19年を比較すると、プロット（点）

の位置が全て右上に移動しており、どの国でも「持続的農業」へ移行していることが示唆された。特にドイツとフランスは大きく右上に移行しており、この先進的な２カ国を「リーダー」、その他の後発的な国を「フォロワー」と分類した。

リーダーとフォロワー間で有機農業の特徴を比較すると、リーダーの国では有機農用地面積割合が大きく、多様な品目が生産されているのに対し、フォロワーの国では、有機農用地面積割合が相対的に小さく、品目も限られたものになっていた。

政府の関与はリーダーの国で非常に大きく、国内認証の整備と国際認証の普及のけん引が行われているが、フォロワーの国では主に輸出振興のための有機認証の整備が進められていた。

有機食品の国内市場に関しては、リーダーの国では成熟している一方、フォロワーの国ではまだ未成熟な状況であった。

輸出入に関しては、ドイツで多くの有機食品が輸入されており、フランスも輸入が多いが、有機ワインの輸出などが行われていた。一方、フォロワーでは主に輸出を行っていた。

そして、有機農業の導入の動機に注目すると、リーダーの国では、環境、安全、社会への貢献に対する国民の要求といった内発的な動機によって有機農業が導入され、地域支援型農業（CSA）や地産地消の展開にもつながっていた。一方、フォロワーの国では輸出先国の需要増加といった外生的動機によって有機農業が導入され、国際認証取得など、輸出相手国の要求を満たすことで有機食品の市場に参入することが主な動機となっていた。

近代的農業の代替　リーダーの国
経済的機能に特化　フォロワーの国

これらのことから、リーダーの国における有機農業の性格は、国際的な大規模化・市場化（メインストリーム化）を主導すると同時に、国内では地域の連携や哲学を重視する近代的農業の代替（オルタナティブ農業）としての性格が維持されていた。そして、持続的な農村振興への貢献がみられた。

一方のフォロワーの国では、メインストリーム化した有機農業の追随的な導入という特徴がみられ、新興国における農村の貧困削減や企業の利益増加など、主に農業の経済的機能に特化した農村振興への貢献がみられた。

研究成果を報告した同研究所国際領域の伊藤紀子主任研究官は「フォロワーの国のような経済的な利益の追及のみならず、リーダーの国のようなオルタナティブ農業の性格を維持した有機農業の普及や持続的農村振興をめざす重要性が示唆された」と分析した。

（全国農業新聞 2022 年 11 月 18 日付 3 面）

何でも聞いちゃえ　アグリの話　第2集

2023年1月　初　版　　　定価800円（本体728円＋税10%）送料別
発　行　**全国農業委員会ネットワーク機構**
一般社団法人 全国農業会議所
〒102-0084　東京都千代田区二番町9-8
電話　03-6910-1131
http://www.nca.or.jp/tosho/

R04-18